Index des Publications

DE L'INSTITUT MÉTÉOROLOGIQUE DE ROUMANIE

SOUS LA DIRECTION

de Mr. ST. C. HEPITES

1885-1903.

BUCURESCI,
IMPRIMERIE DE LA COUR ROYALE, F. GÖBL FILS
1903.

Extrait des ANNALES DE L'INSTITUT MÉTÉOROLOGIQUE DE ROUMANIE, Tome XVI.

INDEX

DES

PUBLICATIONS DE L'INSTITUT MÉTÉOROLOGIQUE DE ROUMANIE

SOUS LA DIRECTION DE

Mr. ST. C. HEPITES

1885–1903.

A. Annales de l'Institut Météorologique de Roumanie, 4°.

TOMES I à XVI, ANNÉES 1885 à 1900.

I.

Rapports de Mr. St. C. Hepites adressés à Mr. la Ministre de l'Agriculture, de l'Industrie, du Commerce et des Domaines.

TOME I.—1885.

1. Premier Rapport, année 1885, comprend l'Historique des études météorologiques en Roumanie ; p. IX.

TOME II.—1886.

2. Deuxième Rapport, années 1886 et 1887 ; p. 1*.

Annexe D.—Institutions et personnes avec lesquelles l'Institut Météorologique est en échange de publications, p 57*.

Annexe E.—Catalogue des livres reçus à la Bibliothèque de l'institut Météorologique depuis le 1 Avril 1886 jusqu'au 31 Décembre 1887; p. 66*.

TOME III.—1887.

3. Troisième Rapport ; année 1888 ; p. 1*.
Annexe B.—Institutions et personnes avec lesquelles l'Institut Météorologiques est en échange de publications ; p. 53*.
Annexe C.—Catalogue des livres reçus à la Bibliothèque de l'Institut Météorologique pendant l'année 1888 ; p. 63*.

TOME IV.—1888.

4. Quatrième Rapport, année 1889, contient l'indication des anciens étalons métriques portant l'inscription „Principatele-Unite Romăne" ; p. 1*.
Annexe A.—Catalogue des livres reçus à la Bibliothèque pendant l'année 1889 ; p. 41*.

TOME V.—1889.

5. Cinquième Rapport, années 1890 et 1891, p. A1.
Annexe B.—Certificat du thermomètre normal No. 4844 éliberé par le Bureau international des Poids et Mesures R.[1]) p A 54.
Annexe E.—Certificat du Bureau international des poids et mesures pour le kilogramme prototype No. 2 attribué à la Roumanie R, p. A 57.
Annexe F.—Procès-Verbal de la Commission de reception du kilogramme prototype national, p A 59.
Annexe H.—Rapport relatif à la réduction du nombre des Bureaux de vérification des poids et mesures ; p. A 61.
Annexe I.—Vérifications faites par les bureaux de vérification pendant les années 1889/90 et 1890/91 ; p. A 62.
Annexe M.—Catalogue des livres reçus à la Bibliothèque pendant les années 1889, 1890 et 1891 ; p. A 65.

TOME VI 1890.

6. Sixième Rapport, année 1892 ; p. A 1
Annexe C.—Vérifications primitives et périodiques effectuées pendant l'année 1891/2 par les bureaux de vérification des villes ; p. A 38.
Annexe D.—Vérifications périodiques effectués dans les communes rurales pendant l'année 1891/2 ; p A 39.
Annexe E.—Position géographique des stations météorologiques ; p. A 40.

---

[1]) La lettre R désigne les mémoires qui sont publiés seulement en roumain.

Annexe. F.—Données caractéristiques comparatives du clima de l'année 1892 à Sulina, Bucurescĭ et Sinaia ; p. A 41

Annexe G.—Formulaire de Bulletin de neige ; p. A 41.

Annexe H.—Formulaire de Bulletin pour l'état du Danube ; p. A 42.

Annexe L—Institutions et personnes avec lesquelles l'Institut Météorologiques est en échange de publications; p. A 46.

Annexe M.—Catalogue des livres reçus à la Bibliothèque de l'Institut Météorologique pendant l'année 1892 ; p. A 50.

TOME VIII.—1892.

7. Septième Rapport, année 1893; p. A 1.

Annexe A.—Correspondence entre MM. Mascart et Wild relativement à la correction de la gravitation ; p. A 41.

Annexe B.—Vérifications primitives et périodiques effectuées pendant l'année 1892/3 par les Bureaux de vérification des villes ; p. A 43.

Annexe C.—Vérifications périodiques effectuées dans les communes rurales pendant l'année 1892/3 ; p. A 44.

Annexe D.—Certificat du Bureau international des Poids et Mesures pour le Mètre prototype No. 6 destiné à la Roumanie ; p. A 46.

Annexe E.—Procès-Verbal dressé au Bureau international des Poids et Mesures à Sèvres (France) ; p. A 46.

Annexe F.—Procès-Verbal pour la réception à Bucurescĭ du Mètre prototype ; p. A 46.

Annexe G.—Certificat du thermomètre normal No. 4732 élibéré par le Bureau international des Poids et Mesures de Sèvres ; p. A 47.

Annexe H.—Position géographique des stations météorologiques ; p. A 49.

Annexe I.—Données caractéristiques du climat de 1893 à Sulina, Comandaresci, Bucuresci, Pancesci-Dragomiresci et Sinaia ; p. A 50.

Annexe K.—Catalogue des livres reçus à la Bibliothèque de l'Institut Météorologique pendant l'année 1893 ; p. A 51.

Annexe L. Institutions et personnes avec lesquelles l'Institut Météorologique est en échange de publications ; p. A 61.

TOME IX.—1893.

8. Huitième Rapport, année 1894, contient les comptes-rendus des

travaux du Congrès atmosphérique d'Anvers, des travaux du Comité météorologique international réuni à Upsala ainsi que des travaux du Comité international des poids et mesures réuni à Sèvres ; p. A 1.

Annexe A.—Classification des nuages, R ; p A 63.

Annexe B.—Proposition de MM. Neumayer et Snellen pour la transmission plus rapids des dépêches météorologiques, R ; p. A 64.

Annexe C.—Lettre adressée au Directeur général des télégraphes pour l'accélaration des télégrammes météorologiques. R; p. A 65.

Annexe D.—Lettre adressée à la Mairie de la Capitale pour l'annonce du midi par un coup de canon, R ; p. A 66.

Annexe E.—Vérifications primitives et périodiques effectuées pendant l'année 1893/4 par les Bureaux de vérification des villes. R ; p. A 67.

Annexe F.—Vérifications périodiques effectuées dans les communes rurales pendant l'année 1893/4, R ; p. A 68

Annexe G.—Rapport pour l'adoption de l'alcoomètre centésimal à volume, R ; p. A 68.

Annexe H.—Rapport pour la modification de la construction des doubles décalitres, R ; p. A 68.

Annexe I.—Rapport pour la modification de la construction des romaines, R ; p. A 67.

Annexe K.—Position géographique des stations météorologiques, R ; p. A 70.

Annexe L.—Catalogue des livres reçus à la Bibliothèque de l'Institut Météorologique pendant l'année 1894; p. A 71.

Annexe M.—Institutions et personnes avec lesquelles l'Institut Météorologique est en échange de publications; p. A 81

TOME X.—1894.

9. Neuvième Rapport comprend les comptes-rendus des travaux de la session de 1895 du Comité international des poids et mesures et de la deuxième Conférence générale des poids et mesures; p. A 1

TOME XI.—1895.

10. Dixième Rapport, année 1895, contient les résultats climatologiques de 8 localités du Royaume ; p. A 1.

Annexe A. Vérifications périodiques effectuées dans les communes rurales pendant l'année 1894/5 ; p. A 39.

Annexe B.—Vérifications primitives et périodiques effectuées pendant l'année 1894/5 par les Bureaux de vérification des villes ; p. A 40.

Annexe C.—Catalogue des livres reçus par la Bibliothèque de l'Institut Météorologique pendant l'année 1895 ; p. A 41.

Annexe D.—Institutions et personnes avec lesquelles l'Institut Météorologique est en échange de publications ; p. A 49.

TOME XII.—1896.

11 Onzième Rapport, année 1896, contient le compte-rendu des travaux de la Conférence Météorologique internationale réunie à Paris ; p. A 1.

Annexe A.—Vérifications périodiques faites en 1895/6 dans les communes rurales ; p. A 43.

Annexe B.—Vérifications primitives et périodiques faites en 1895/6 par les Bureaux de vérification des villes; p. A 44.

Annexe C.—Catalogue des livres reçus par la Bibliothèque de l'Institut Météorologique pendant l'année 1896; p. A 45.

Annexe D.—Institutions et personnes avec lesquelles l'Institut Météorologique est en échange de publications; p. A 61.

TOME XIII.—1897.

12. Douzième Rapport, année 1897, contient un résumé des progrès réalisés par l'Institut Météorologique depuis s'a création et les principales décisions prises par la Comité international des poids et mesures dans sa session de 1897 ; p. A 1.

Annexe A.—Vérifications périodiques faites en 1896/7 dans les communes rurales ; p. A 31.

Annexe B.—Vérifications primitives et périodiques faites en 1896/7 par les Bureaux de vérification des villes; p. A 32.

Annexe C.—Catalogue des livres reçus par la Bibliothèque de l'Institut Météorologique pendant l'année 1897; p. A 33.

TOME XIV.—1898.

13. Treizième Rapport, année 1898, contient un resumé des travaux de la Commission aéronautique internationale réunie à Strasbourg en 1898 et du Congrès international d'hydrologie, de climatologie et de géologie réuni à Liège ; p. A 1.

Annexe A.—Vérifications périodiques faites en 1897/8 dans les communes rurales; p. A 37.

Annexe B. —Vérifications primitives et périodiques faites en 1897/8 par les Bureaux de vérifications des villes; p. A 38.

Annexe C.—Catalogue des livres reçus par la Bibliothèque de l'Institut Météorologique pendant l'année 1898.

TOME XV.—1899.

14. Quatorzième Rapport, année 1899, contient des comptes-rendus des travaux du Comité international des Poids et Mesures réuni à Sèvres en 1899 et du Comité international de Météorologie réuni la même année à Saint-Pétersbourg ; p. A 1.

Annexe A. — Vérifications périodiques faites en 1898/9 dans les communes rurales ; p. A 37.

Annexe B.—Vérifications primitives et périodiques faites en 1898/9 par les Bureaux de vérification des villes ; p. A.

TOME XVI.—1900.

15. Quinzième Rapport, années 1900, 1901 et 1902, contient des comptes-rendus des travaux du Congrès international de Météorologie réuni à Paris en 1900, du Comité international et de la troisième Conférence générale des poids et mesures réunis à Paris en 1901 et de la première Conférence sismologique internationale réunie à Strasbourg en 1901 ; p. A 1.

Annexes A, A_1, A_2.—Vérifications périodiques faites en 1899/900, 1900/1 et 1901/2 dans les communes rurales; p. A 68.

Annexes B, B_1, B_2.—Vérifications primitives et périodiques faites en 1899/900, 1900/1 et 1901/2 par les Bureaux de vérification des villes ; p. A 70.

TOME XVII.—1901.
Sous presse.

XI.

Mémoires et Notices.

TOME I. — 1885.

1. **Hepites, St. C.**, Instruments de l'Institut Météorologique. Description et emploi. . . . . . p. 89

TOME II. — 1886.

2. **Hepites, St. C.**, Instructions pour les stations udométriques, 1 fig. . . . . p. 73*

---

[1]) La lettre **R** désigne les mémoires qui sont publiés seulement en roumain.

TOME VI. — 1890.

TOME VII. — 1891.

37. **Hepites St. C.**, Revue climatologique annuelle. Année 1891 . . . . p. B 87
38. „ Le verglas du 11 et du 12 Novembre 1893, 4 fig. p. B 111

TOME VIII. — 1892.

39. **Hepites, St. C.**, La pluie en Roumanie en 1892 p. B 3
40. „ Registre des tremblements de terre en Roumanie, Année 1893 . . . . p. B 13
41. **Bungetzianu D.**, Organisation du Service météorologique en France, **R.** . . . . p. B 33
42. **Hepites, St. C.**, Pluviomètre de l'Institut Météorologique de Roumanie, 1 fig. . . . . p. B 71

TOME IX. — 1893.

43. **Hepites, St. C.**, Revue climatologique annuelle. Année 1893. . . . . p. B 3
44. „ La pluie en Roumanie en 1893 . . . . . . p. B 37
45. „ Le froid de l'Epiphanie, 1 pl. . . . . p. B 51
46. „ Registre des tremblements de terre en Roumanie, Année 1894 . . . . p. B 58

TOME X. — 1894.

47. **Hepites, St. C.**, Revue climatologique annuelle. Année 1894 . . . . p. B 1
48. **Bungetzianu D.**, Organisation de l'Institut Météorologique royal de Berlin . . . . p. B 33
49. **Hepites, St. C.**, La pluie en Roumanie en 1894 . p. B 41

TOME XI. — 1895.

50. **Hepites St. C.**, Description et Organisation de l'Institut Météorologique de Roumanie, 17 pl. . p. B 3
51. „ Durée de l'éclairement du Soleil a Bucuresci. p. B 49
52. „ Marche diurne des éléments climatologiques à Bucuresci, 1 pl. . . . . p. B 59
53. „ Revue climatologique annuelle. Année 1895 . p. B 61
54. „ La pluie en Roumanie en 1895. . . . . . p. B 93
55. **Bungetzianu D.**, Organisation de l'Observatoire maritime de Hambourg, „Deutsche Seewarte" **R.** p. B 130
56. **Ţiţu I.**, Développement de la végétation en Roumanie, 1887—1893, **R.** . . . . p. B 155
57. **Hepites, St. C.**, Climat de Sinaia . . . . p. B 165
58. „ Climat de Pancesti-Dragomiresti (Roman) . . p. B 181

TÔME XII. — 1896.

TOME XIII. — 1897.

100. **Murat, I. St.** Observations magnétiques faites à Bucuresci au cours des l'année 1900, 1 fig. 3 pl. p. B 97
101. **Hepites, St. C.**, Registre de tremblements de terre en Roumanie, Année 1900. . . . . p. B 123

TOME XVII. — 1901.
Sous presse.

III.

Observations météorologiques horaires et observations spéciales de Bucuresci.

1.	Année	1885,	Tome	I	p.	1— 367.
2.	„	1886,	„	II	„	1— 322.
3.	„	1887,	„	III	„	1— 291.
4.	„	1888,	„	IV	„	1— 292.
5.	„	1889,	„	V	„	C 1—C 189.
6.	„	1890,	„	VI	„	C 1—C 288.
7.	„	1891,	„	VII	„	C 1—C 314.
8.	„	1892,	„	VIII	„	C 1—C 338.
9.	„	1893,	„	IX	„	C 1—C 338.
10.	„	1894,	„	X	„	C 1—C 338.
11.	„	1895,	„	XI	„	C 1—C 339.
12.	„	1896,	„	XII	„	C 1—C 340.
13.	„	1897,	„	XIII	„	C 1—C 344.
14.	„	1898,	„	XIV	„	C 1—C 344.
15.	„	1899,	„	XV	„	C 1—C 344.
16.	„	1900,	„	XVI	„	C 1—C 346.

IV.

Observations météorologiques des stations de 2-me ordre

1. **Alexandria:**
   Description de la station, Instruments, Tome XV p. D 7.
   Observations de 1899, Tome XV p. D 96.
   „ „ 1900, „ XVI „ D 84.
2. **Armăsesci:**
   Description de la station, Instruments, Tome X p. D. 7—D. 9
   Observations de 1890 et 1891, Tome X p. D 10
   „ „ 1892 „ VIII „ D 98, D 157
   „ „ 1893 „ IX „ D 10

Observations de 1894 Tome X p. D 106, D 236
» » 1895 » XI » D 86
» » 1896 » XII » D 88
» » 1897 » XIII » D 94
» » 1898 » XIV » D 98
» » 1899 » XV » D 96
» » 1900 » XVI » D 84

3. **Babadag :**
Description de la station, Instruments, Tome XV p. D 7
Observations de 1899, Tome XV p. D 96
» » 1900 » XVI » D 84

4. **Bacăŭ :**
Description de la station, Instruments, Tome XII p. D 15
Observations de 1896, Tome XII p. D 88
» » 1897 » XIII » D 94
» » 1898 » XIV » D 98
» » 1899 » XV » D 96
» » 1900 » XVI » D 84

5. **Baia-de-Aramă :**
Description de la Station, Instruments, Tome XIV p. D 7
Observations de 1898, Tome XIV p. D 98
» » 1899 » XV » D 98
» » 1900 » XVI » D 86

6. **Bârlad :**
Description de la Station, Instruments, Tome XV p. D 8
Observations de 1899, Tome XV p. D 98
» » 1900 » XVI » D 86

7. **Botoşani :**
Description de la Station, Instruments, Tome XI p. D 7
Observations de 1895, Tome XI p. D 86
» » 1896 » XII » D 88
» » 1897 » XIII » D 94
» » 1898 » XIV » D 98
» » 1899 » XV » D 98
» » 1900 » XVI » D 86

8. **Brăila :**
Description de la Station Instruments, Tomes V p. D 7, XII D 8
Observations de 1879, 1880, 1881 Tome V p. D 10
» » 1888 — 1893 » XII » D 8
» » 1894 » X » D 58, D 232
» » 1895 » XI » D 21, D 86
» » 1896 » XII » D 24, D 88

Observations de 1897 Tome XIII p. D 18, D 94
» » 1898 » XIV » D 22, D 100
» » 1899 » XV » D 20, D 98
» » 1900 » XVI » D 8, D 86

9. **Bucuresci-Filaret :**

Description de la Station, Instruments Tome VII p. D 5, D 94 bis
Observations de 1881—1890, Tome VII p. D 8—D 94 bis
» » 1891 » VII » D 125, D 157, D 160
» » 1892 » VIII » D 106, D 159, D 160
» » 1893 » IX » D 117, D 179, D 186
» » 1894 » X » D 114, D 228, D 238. D 252
» » 1895 » XI » D 27, D 81, D 86
» » 1896 » XII » D 30, D 84, D 96
» » 1897 » XIII » D 24, D 90, D 90
» » 1898 » XIV » D 28, D 94, D 100
» » 1899 » XV » D 26, D 92, D 100
» » 1900 » XVI » D 14, D 80, D 88

10. **Bucuresci-ville :**

Description de la Station, Instruments, Tome XIII p. D 8
Observations de 1895, Tome XI p. D 88
» » 1896 » XII » D 94
» » 1897 » XIII » D 96
» » 1898 » XIV » D 100
» » 1899 » XV » D 100
» » 1900 » XVI » D 88

11. **Buzeŭ :**

Description de la Stations, Instruments, Tome X p. D 36
Observations de 1894, Tome X p. D 130, D 228
» » 1895 » XI » D 88
» » 1896 » XII » D 90
» » 1897 » XIII » D 96
» » 1898 » XIV » D 100
» » 1899 » XV » D 100
» » 1900 » XVI » D 88

12. **Caracal :**

Description de la Station, Instruments, Tome X p. D 37
Observations de 1892, Tome VIII p. D 114, D 160
» » 1893 » IX » D 125, D 186
» » 1894 » X » D 146, D 229, D 240, D 252
» » 1895 » XI » D 33, D 85, D 88
» » 1896 » XII » D 36, D 84, D 90

Observations de 1897, Tome XIII p. D 30, D 90, D 96
„ „ 1898 „ XIV „ D 34, D 94, D 102
„ „ 1899 „ XV „ D 32, D 92, D 100
„ „ 1900 „ XVI „ D 20, D 80, D 88

13. **Călăraşĭ:**
Description de la Station, Instruments, Tome XIV p. D 9
Observations de 1898, Tome XIV p. D 102
„ „ 1899 „ XV „ D 102
„ „ 1900 „ XVI „ D 90

14. **Călimănescĭ:**
Description de la Station, Instruments, Tome X p. D 40, Tom. XV D 10
Observations de 1893, Tome IX p. D 155, D 188
„ „ 1894 „ X „ D 201, D 244
„ „ 1895 „ XI „ D 88
„ „ 1896 „ XII „ D 92
„ „ 1897 „ XIII „ D 98
„ „ 1898 „ XIV „ D 102
„ „ 1899 „ XV „ D 102
„ „ 1900 „ XVI „ D 90

15. **Câmpulung:**
Description de la Station, Instruments, Tome VIII p. D 56
Tome XI p. D 10
Observations de 1892, Tome VIII p. D 138, D 160
„ „ 1893 „ IX „ D 163, D 190
„ „ 1894 „ X „ D 212, D 246
„ „ 1895 „ XI „ D 39, D 90
„ „ 1896 „ XII „ D 42, D 92
„ „ 1897 „ XIII „ D 36, D 98
„ „ 1898 „ XIV „ D 40, D 102
„ „ 1899 „ XV „ D 38, D 102
„ „ 1900 „ XVI „ D 26, D 90

16. **Codrenĭ:**
Description de la Station, Instruments, Tome XV p. D 10
Observations de 1899, Tome XV p. D 102
„ „ 1900 „ XVI „ D 90

17. **Comăndărescĭ:**
Description de la Station, Instruments Tom VI p. D 154
Observations de 1887--1890, Tome VI p. D 156
„ „ 1891 „ VII „ D 117, D 160
„ „ 1892 „ VIII „ D 82, D 158
„ „ 1893 „ IX „ D 93, D 184

Observations de 1894, Tome X p. D 90, D 228, D 236, D 252,
» » 1895 » XI » D 45, D 82, D 90
» » 1896 » XII » D 48, D 85, D 92
» » 1897 » XIII » D 42, D 91, D 98
» » 1898 » XIV » D 46, D 95, D 104
» » 1899 » XV » D 44, D 93, D 104
» » 1900 » XVI » D 32, D 81, D 92

18. **Constanța** :

Description de la Station Instruments, Tome VI p. D 59, Tome XIII p. D 10, Tome XIV p. D 11
Observations de 1885–1890, Tome VI p. D 60
» » 1891 » VII » D 110, D 160
» » 1892 » VIII » D 66, D 166
» » 1893 » IX » D 77, D 182
» » 1894 » X » D 66, D 234
» » 1895 » XI » D 90
» » 1896 » XII » D 92
» » 1897 » XIII » D 98
» » 1898 » XIV » D 104
» » 1899 » XV » D 104
» » 1900 » XVI » D 92

19. **Corabia** :

Description de la Station, Instruments, Tome XI p. D 11
Observations de 1895, Tome XI p. D 90
» » 1896 » XII » D 94
» » 1897 » XIII » D 100
» » 1898 » XIV » D 104
» » 1899 » XV » D 104
» » 1900 » XVI » D 92

20. **Craiova** :

Description de la Stat., Instr. Tome XI p. D 11, XV p. D 11
Observations de 1894, Tome X p D 154, D 240
» » 1895 » XI » D 92,
» » 1896 » XII » D 94
» » 1897 » XIII » D 100
» » 1898 » XIV » D 104
» » 1899 » XV » D 104
» » 1900 » XVI » D 92

21. **Curtea-de-Argeș** :

Observations de 1900, Tome XVI p. D. 94

22. **Dorohoĭ:**
Description de la Stat., Instr. Tome X p. D. 40, XIII p. D 11
Observations de 1894, Tome X p. D 85, D 224
" " 1895 " XI " D 51, D 92
" " 1896 " XII " D 54, D 94
" " 1897 " XIII " D 48, D 100
" " 1898 " XIV " D 52, D 106
" " 1899 " XV " D 50, D 106
" " 1900 " XVI " D 38, D 94

23. **Drăgușeni:**
Description de la Station, Instrument, Tome XIV p. D 12
Observations de 1898, Tome XIV p. D 106
" " 1899 " XV " D 106
" " 1900 " XVI " D 94

24. **Fălticenĭ:**
Desciption de la station, Instruments, Tome XV p. D. 12
Observations de 1899, Tome XV p. D 106
" " 1900 " XVI " D 94

25. **Focșanĭ:**
Description de la station Instruments, Tome XI p. D 13
Observations de 1892, Tome VIII p. D 90, D 157
" " 1893 " IX " D 101, D 184
" " 1894 " X " D 82, D 234
" " 1895 " XI " D 92 D
" " 1896 " XII " D 94 D
" , 1897 " XIII " D 54, D 100
" " 1898 " XIV " D 58, D 106
" " 1899 " XV " D 56, D 106
" " 1900 " XVI " D 44, D 96

26. **Galațĭ:**
Description de la Stat., Instr., Tome VI p. D 15, XI D 13
Observations de 1885—1889, Tome VI p. D 19
" " 1895 " XI " D 92
" " 1896 " XII " D 96
" " 1897 " XIII " D 102
" " 1898 " XIV " D 106
" " 1899 " XV " D 108
" " 1900 " XVI " D 96

27. **Găescĭ-Gara:**
Observations de 1900, Tome XVI p. D 96

28. **Ghimpațĭ:**
Description de la Station, Instruments, Tome XV p. D 16

Observations de 1899, Tome XV p. D 108
„ „ 1900 „ XVI „ D 96

29. **Giurgiu** :

Description de la Stat., Instr. Tomes X p. D 32, XIII D 11
Observations de 1894, Tome X p. D 50, 232
„ „ 1895 „ XI „ D 94
„ „ 1896 „ XII „ D 96
„ „ 1897 „ XIII „ D 102
„ „ 1898 „ XIV „ D 108
„ „ 1899 „ XV „ D 108
„ „ 1900 „ XVI „ D 98

30. **Govora-Băi**:

Observations de 1900, Tome XVI p. D 98

31. **Herescì** :

Description de la station, Instruments, Tome X p. D 36
Observations de 1894, Tome X p. D 122, D 238
„ „ 1895 „ XI „ D 94
„ „ 1896 „ XII „ D 96
„ „ 1897 „ XIII „ D 102
„ „ 1898 „ XIV „ D 108
„ „ 1899 „ XV „ D 108
„ „ 1900 „ XVI „ D 98

32. **Iași** :

Description de la Station, Instruments, Tome X p. D 37
Observations de 1894, Tome X p. D 138, D 240
„ „ 1895 „ XI „ D 94
„ „ 1896 „ XII „ D 98
„ „ 1897 „ XIII „ D 104
„ „ 1898 „ XIV „ D 108
„ „ 1899 „ XV „ D 110
„ „ 1900 „ XVI „ D 98

33. **Isaccea** :

Description de la Station, Instruments, Tome XV p. D 14
Observations de 1899, Tome XV p. D 110
„ „ 1900 „ XVI „ D 100

34 **Mamornița** :

Description de la Station, Instruments, Tome XI p. D 16
Observations de 1895, Tome XI p. D 96
„ „ 1896 „ XII „ D 98
„ „ 1897 „ XIII „ D 104
„ „ 1898 „ XIV „ D 110
„ „ 1899 „ XV „ D 110
„ „ 1900 „ XVI „ D 100

35. **Pancesi-Dragomiresci :**
Description de la Station, Instruments, T. VIII p. D 6, IX p. D 68
Observations de 1886—1890, Tome VIII p. D 10
„ „ 1891 „ VII „ D 141, D 160
„ „ 1892 „ VIII „ D 130, D 162
„ „ 1893 „ IX „ D 147, D 188
„ „ 1894 „ X „ D 193, D 244
„ „ 1895 „ XI „ D 57, D 96
„ „ 1896 „ XII „ D 60, D 98
„ „ 1897 „ XIII „ D 60, D 104
„ „ 1898 „ XIV „ D 64, D 110
„ „ 1899 „ XV „ D 62, D 110
„ „ 1900 „ XVI „ D 50, D 100

36. **Piatra** (Neamț) :
Description de la Station, Instruments, Tome XV p. D 14
Observations de 1899, Tome XV p. D 112
„ „ 1900 „ XVI „ D 100

37. **Pitesci** :
Description de la Station, Instruments, Tome XV p. D 15
Observations de 1899, Tome XV p. D 112
„ „ 1900 „ XVI „ D 102

38. **Ploesci :**
Description de Station, Instruments, Tome XIV p. D 15
Observations de 1898, Tome XIV p. D 110
„ „ 1899 „ XV „ D 112
„ „ 1900 „ XVI „ D 102

39. **Rîmnicu-Sărat :**
Description de la Station, Instruments, Tome XIV p. D 16
Observations de 1898, Tome XIV p. D 110
„ „ 1899 „ XV „ D 112
„ „ 1900 „ XVI „ D 102

40. **Roșiorii-de-Vede :**
Observations de 1900, Tome XVI p. D 102

41. **Sinaia :**
Description de la Station, Instruments, Tome VI p. D 110
Observations de 1886—1890, Tome VI p. D 113
„ „ 1891 „ VII „ D 149, D 157
„ „ 1892 „ VIII „ D 146, D 154, D 162
„ „ 1893 „ IX „ D 171, D 179, D 190
„ „ 1894 „ X „ D 220, D 229, D 246
D 252
„ „ 1895 „ XI „ D 65, D 83, D

Observations de 1896, Tome XII p. D 66, D 85, D 98
„ „ 1897 „ XIII „ D 66, D 91, D 104
„ „ 1898 „ XIV „ D 70, D 95, D 112
„ „ 1899 „ XV „ D 68, D 93, D 114
„ „ 1900 „ XVI „ D 56, D 81, D 104

42. **Strehaia :**

Description de la Station, Instruments, Tome IX p. D 67
Observations de 1893, Tome IX p D 161, D 186
„ „ 1894 „ X „ D 169, D 242
„ „ 1895 „ XI „ D 96
„ „ 1896 „ XII „ D 100
„ „ 1897 „ XIII „ D 106
„ „ 1898 „ XIV „ D 112
„ „ 1899 „ XV „ D 114
„ „ 1900 „ XVI „ D 104

43. **Strihareț :**

Description de la Stat., Instruments, T. IX p. D 6, T. XIII p. D 14
Observations de 1885—1890, Tome IX p. D 10
„ „ 1891 „ VII „ D 133, D 160
„ „ 1892 „ VIII „ D 122. D 160
„ „ 1893 „ IX „ D 139, D 188
„ „ 1894 „ X „ D 177, D 242
„ „ 1895 „ XI „ D 98
„ „ 1896 „ XII „ D 100
„ „ 1897 „ XIII „ D 106
„ „ 1898 „ XIV „ D 112
„ „ 1899 „ XV „ D 114
„ „ 1900 „ XVI „ D 104

44. **Studina :**

Description de la Station, Instruments, Tome XIV, p. D. 18
Observations de 1898, Tome XIV p. D 112
„ „ 1899 „ XV „ D 114
„ „ 1900 „ XVI „ D 104

45. **Sulina :**

Description de Station, Instruments, Tome V p. D 74
Observations de 1875, 1884—1889 „ V „ D 77
„ „ 1890 Tome VI p. D 5
„ „ 1891 „ VII „ D 102, D 157, D 160
„ „ 1892 „ VIII „ D 58, D 154, D 156
„ „ 1893 „ IX „ D 69, D 179, D 182
„ „ 1894 „ X „ D 42, D 228, D 232, D 252
„ „ 1895 „ XI „ D 69, D 84, D 98

Observtions de 1896, Tome XII p. D 72, D 86, D 100
» » 1897 » XIII » D 72, D 92, D 106
» » 1898 » XIV » D 76, D 96, D 114
» » 1899 » XV » D 74, D 94, D 116
» » 1900 » XVI » D 62, D 82, D 106

46. **Tarcăului (Gura)** :
Description de la Station, Instruments, Tome XI p. D 15
Observations de 1895, Tome XI p. D 94
» » 1896 » XII » D 96
» » 1897 » XIII » D 102
» » 1898 » XIV » D 108

47. **Târgu-Jiŭ** :
Description de la Station, Instruments, Tome XV p. D 16
Observations de 1899, Tome XV p. D 116
» » 1900 » XVI » D 105

48. **Târgu-Neamţ** :
Description de la Station, Instruments, Tome XV p. D 17
Observations de 1899, Tome XV p. D 116
» » 1900 » XVI » D 106

49. **Târgu-Ocna** :
Description de la Station, Instruments, T. X p. D 41, T. XIV p. D 19
Observations de 1894, Tome X p. D 209, D 246
» » 1895 » XI » D. 75, D 98
» » 1896 » XII » D 78, D 102
» » 1897 » XIII » D 78, D 108
» » 1898 » XIV » D 82, D 114
» » 1899 » XV » D 80, D 118
» » 1900 » XVI » D 68, D 108

50. **Teiş-Târgovisce** :
Description de la Station, Instruments, Tome XI p. D 18
Observations de 1895, Tome XI p. D 98
» » 1896 » XII » D 100
» » 1897 » XIII » D 106
» » 1898 » XIV » D 114
» » 1899 » XV » D 116
» » 1890 » XVI » D 106

51. **Turnu-Măgurele** :
Description de la Station Instruments, T. VIII p. D 53, T. XIII p. D 15
Observations de 1892, Tome VIII p. D 74, D 156
» » 1893 » IX » D 85, D 182
» » 1894 » X » D 74, D 234
» » 1895 » XI » D 100

Observations de 1896, Tome XII p. D 102
" " 1897 " XIII " D 108
" " 1898 " XIV " D 114
" " 1899 " XV " D 118
" " 1900 " XVI " D 108

52. **Turnu-Severin** :

Description de la Station, Instruments, Tome X p. D 35
Observations de 1894, Tome X p. D 98, D 236
" " 1895 " XI " D 100
" " 1896 " XII " D 102
" " 1897 " XIII " D 84, D 108
" " 1898 " XIV " D 88, D 116
" " 1899 " XV " D 86, D 118
" " 1900 " XVI " D 74, D 108

53 **Vasluĭ** :

Description de la Station, Instruments, Tome X p D 39
Observations de 1894, Tome X p. D 161, D 242
" " 1895 " XI " D 100
" " 1896 " XII " D 102
" " 1897 " XIII " D 108
" " 1898 " XIV " D 116
" " 1899 " XV " D 118
" " 1900 " XVI " D 108

V.

Aperçu des résultats mensuels et annuels des stations de deuxième ordre :

Année 1891, Tome VII p. D 168 -- 167.
7 Stations :

Bucuresci — Pancesci-Dragomiresci — Sulina
Comăndăresci — Sinaia
Constanța — Striharet

Année 1892, Tome VIII p. D 164 — D 168.
12 Stations :

Armăsesci — Comăndăresci — Sinaia
Bucuresci Fil. — Constanța — Striharet
Caracal — Focsanĭ — Sulina
Câmpulung — Pancesti-Dragomir. — Turnu-Magurele

Année 1893, Tome IX p. D 192 -- D 194.
14 Stations:

Armăsesci	Comăndăresci	Strehaia
Bucuresci Fil.	Constanţa	Stribareţ
Caracal	Focsani	Sulina
Calimănescĭ-Băi	Pancesci-Dragomir.	Turnu-Măgurele
Campulung	Sinaia	

Anneé 1894, Tome X, p. D 248 – D 252.
24 Stations :

Armăsesci	Constanţa	Sinaia
Brăila	Craiova	Strehaia
Bucuresci Fil.	Dorohoi	Stribareţ
Buzeu	Focsanĭ	Sulina
Caracal	Giurgiu	Târgu-Ocna
Calimănesci-Băi	Heresci	Turnu-Magurele
Câmpulung	Iaşi	Turnu-Severin
Comăndăresci	Păncesci-Dragomir.	Vaslui

Année 1895, Tome p. D 102 – D 106.
31 Stations:

Armăsesci	Corabia	Sinaia
Botosani	Craiova	Strehaia
Brăila	Dorohoi	Strehareţ
Bucuresci Fil.	Focşani	Sulina
„ oraş	Galaţi	Tarcăului (Gura)
Buzeu	Giurgiu	Teiş
Caracal	Heresci	Târgu-Ocna
Calimănesci-Băi	Iaşi	Turnu-Măgurele
Câmpulung	Mamorniţa	Turnu-Severin
Comăndăresci	Pancesti-Dragomir.	Vaslui
Constanţa		

Année 1896, Tome XII p. D. 104 – D 108.
32 Stations :

Armăsesci	Buzeu	Corabia
Bacău	Caracal	Craiova
Botoşani	Călimănesci-Băi	Dorohoi
Brăila	Câmpulung	Focşani
Bucuresci Fil.	Comăndăresci	Galaţi
„ Oras	Constanţa	Giugiu

Herescĭ	Strehaia	Târgu-Ocna
Iași	Stribareț	Turnu-Magurele
Mamornița	Sulina	Turnu-Severin
Păncesti-Dragomir.	Tarcăului (Gura)	Vasluĭ
Sinaia	Teiș	

Année 1897, Tome XIII p. D 110 — D 114.

32 stations : les mêmes que pour l'année 1896.

Année 1898, Tome XIV p. D 122 — D 126.

38 Stations :

Armasesci	Caracal	Dorohoi
Bacău	Călărasi	Drăgușeni
Baĭa-de-Aramă	Călimănesci-Bai	Focșani
Botoșanĭ	Câmpulung	Galați
Brăila	Comăndăresci	Giurgiu
Bucuresci-Filaret	Constanța	Herești
„ oraș	Corabia	Iași
Buzeu	Craiova	Mamornița
Păncesci-Dragom.	Stribareț	Tîrgu-Ocna
Ploesci	Studina	Turnu-Măgurele
Rîmnicu-Sărat	Sulina	Turnu-Severin
Sinaia	Tarcăului (Gara)	Vaslui
Strehaia	Teiș-Târgovisce	

Année 1899, Tome XV p. D 124 — D 130.

48 Stations :

Alexandria	Comăndăresci	Piatra-Neamț
Armăsesci	Constanța	Pitesci
Babadag	Corabia	Ploesci
Bacău	Craiova	Rimnicu-Sărat
Baĭa-de-Aramă	Dorohoi	Sinaia
Berlad	Dragușeni	Strehaia
Botoșani	Fălticeni	Stribareț
Brăila	Focșani	Studina
Bucuresci-Filaret	Galați	Sulina
„ oraș	Ghimpati	Teiș-Tîrgovisce
Buzeu	Giurgiu	Tîrgu-Jiu
Caracal	Heresci	Tîrgu-Neamț
Călărași	Iași	Tîrgu-Ocna
Călimănesci-Băi	Isaccea	Turnu-Măgurele
Câmpulung	Mamornița	Turnu-Severin
Codreni	Păncesci-Drag.	Vaslui

Année 1900, Tome XVI p. D 114 — D 120.

52 Stations :

Alexandria
Armăsesci
Babadag
Bacau
Baïa-de-Aramă
Bêrlad
Botoşani
Brăila
Bucuresci-Filaret
„ oraş
Buzeu
Caracal
Călărasi
Călimănesci Băi
Câmpulung
Codreni
Comăndăresci
Constanța
Corabia
Craiova
Curtea-de-Argeş
Dorohoi
Drăguşeni
Fălticeni
Focşani
Galați
Găesci-Gara
Ghimpați
Giurgiu
Govora-Băi
Herescì
Iași
Isaccea
Mamornița
Pănceșci-Dragom.
Piatra-Neamț
Pitesci
Ploesci
Rîmnicu-Sărat
Rosiorii-de-Vede
Sinaia
Strehaia
Stribareț
Studina
Sulina
Teiş-Tîrgovisce
Tîrgu-Jiu
Tîrgu-Neamț
Tîrgu-Ocna
Turnu-Măgurele
Turnu-Severin
Vaslui

VI.

Observations pluviométriques

Antérieures à l'année 1891 (1864—1890), Tome VIII p. D 167—D 211

Année			Tome	
Année 1891,	72 stations	„	VII	„ D 169—D 198
„ **1892**,	89 „	„	VIII	„ D 213—D 248
„ **1893**,	94 „	„	IX	„ D 195—D 233
„ **1894**,	200 „	„	X	„ D 253—D 331
„ **1895**,	300 „	„	XI	„ D 100—D 139
„ **1896**	344 stations	„	XII	„ D 109—D 146
	Répartition par bassins	„	„	„ D 147—D 154
„ **1897**	363 stations	„	XIII	„ D 93—D 154
	Répartition par bassins	„	„	„ D 155—D 162
„ **1898**	370 stations	„	XIV	„ D 127—D 166
	Répartition par bassins	„	„	„ D 166—D 174
„ **1899**	386 stations	„	XV	„ D 131—D 174
	Répartition par bassins	„	„	„ D 175—D 182
„ **1900**	395 stations	„	XVI	„ D 121—D 164
	Répartition par bassins	„	„	„ D 165—D 172

B. Buletinul lunar al Observatiunilor meteorologice din România [1], 4°, R.

ANNÉES I à XII (1892—1903).

Le but du *Bulletin mensuel des observations météorologiques de Roumanie* est de publier au plutôt les résultats mensuels des observations qui se font dans toutes les stations météorologiques et pluviométriques du Royaume.

Année I (1892), 54 pages, comprend les observations diurnes de 3 stations de deuxième ordre : Sulina, Bucuresci, Sinaia

Année II (1893), 60 pages, comprend les observations météorologiques de 5 stations de deuxième ordre : Sulina, Comandaresci, Bucuresci, Pancesci-Dragomiresci et Sinaia et les observations pluviométriques de 80 stations.

Année III (1894), 34 pages, comprend les moyennes mensuelles et par décades des principaux éléments météorologiques de 20 stations de deuxième ordre et les observations pluviométriques de 184 stations. Chaque *Bulletin* contient une courte description de l'allure du temps durant le mois.

Année IV (1895), 60 pages, comprend les mêmes éléments que précédemment sauf qu'il y a 30 stations de deuxième ordre et le observations pluviométriques de 246 stations.

Année V (1896), 34 pages, mêmes indications pour 33 stations de deuxième ordre et les observations pluviométriques de 300 stations.

Année VI (1897), 36 pages, mêmes indications pour 34 stations de deuxième ordre et les observations pluviométriques de 200 stations

Année VII (1898), 108 pages, mêmes indications pour 39 stations de deuxième ordre et les observations pluviométriques de 369 stations. La description générale du temps est plus développée ; pour un certain nombre de localités on y fait la description mensuelle du temps. On résume les observations magnétiques de Bucuresci.

Année VIII (1899), 120 pages, mêmes indications pour 47 stations de deuxième ordre et les observations pluviométriques de 385 stations. La description générale et particulière du temps est plus développée.

Année IX (1900), 167 pages, comprend quatre parties : la première, *Observations météorologiques*, contient les résultats mensuels des principaux éléments climatologiques de 53 stations de premier

[1] Jusqu'en 1898 cette publication était nommée *Buletinul observatiunilor meteorologice din România*.

et de deuxième ordre ; la deuxième partie, *Observations pluviométriques*, contient les observations de 395 stations; la troisième partie, donne, sous le titre *Caractère généraux*, quelques idées sur la marche générale des éléments climatologiques de Roumanie et, sous celui de *Caractères particuliers*, des détails relatifs au climat d'environ 80 localités des différentes parties du Royaume ; enfin la quatrième partie contient des indications sur la marche des éléments du magnétisme terrestre.

Année X (1901), 248 pages, 1 pl , même disposition que celle du volume de l'année précédente, avec ces différences qu'on a ramplacé les observations magnétiques par une Ephémeride astronomique pour Bucuresci et qu'on a ajouté une cinquième partie qui, sous le titre *Bibliographie et Notices météorologiques*, comprend des comptes-rendus succints des principales publications relatives à la Physique du Globe et aux sciences connexes ainsi que des notes météorologiques importantes. Ce *Bulletin* comprend les observations de 55 station de premier et de deuxième ordre et les observations pluviométriques de 399 stations.

Année XI (1902), 260 pages, 1 pl., même disposition que le volume de l'année précédente. Ce volume comprend les observations de 57 stations de premier et de deuxième ordre et les observations pluviométriques de 401 stations.

Année XII (1903), en cours de publication.

C. Buletinul meteorologic ḑilnic al Românieĭ, *in folio*, autographié, **R.**

ANNÉES I à IX (1895—1903)

Ce *Bulletin* contient les observations météorologiques que reçoit quotidiennement l'Institut Météorologique de quelques station météorologiques du Royaume et de l'étranger et qui lui sont transmises télégraphiquement Ces observations servent à déduire l'état général de l'atmosphère que contient le *Bulletin* sans faire de la prévision du temps.

I-re	Année	1895,	Janvier à Décembre
II-me	„	1896,	idem
III-me	„	1897,	idem
IV-me	„	1898,	idem
V-me	„	1899,	idem
VI-me	„	1900,	Janvier à Mars
VII-me	„	1901,	Avril à Décembre
VIII-me	„	1902,	Janvier à Décembre
IX-me	„	1903,	En cours de publication.

D. Avis sismiques de Romania, *in folio*, autogr.

N-ros I à VI (1903).

Le but de ces *Avis*, rédigés en français seulement, est de communiquer, le plus rapidement possible, aux principaux Observatoires sismologiques, les mouvements macroséismiques et microséismiques constatés en Romania.

E. Publications diverses.

1. **Hepites, St. C.**, Service météorologique en Europe, Notes de voyage, **R.**, 4° Buc. 1884.
2. „ Instructions pour la composition des télégrammes météorologiques, **R.** 8° Buc. 1885.
3. „ Instructions relatives à l'observation des phénomènes de végétation pour la climatologie d'une région, **R.** 4° Buc. 1886.
4. „ Climatologie bucarestoise, **R.** 8°, Années 1895, 1896, 1897, 1898, 1899 dans *Anuarul Bucurescilor*.
5. „ Répartition de la pluie par districts et par bassins en Roumanie, **R.** 8°, Années 1896 et 1897.
6. „ Le climat est il changé? **R.** 8° Buc 1898.
7. „ Carte du régime pluviométrique de la Roumanie, 75 × 65 cm, 1900.
8. „ Organisation du Service météorologique de Roumanie 8° Buc. 1900.
9. „ Régime pluviométrique de Roumanie, 4°, 3 fig. et 8 Cartes, Buc. 1900.
10. „ Album climatologique de Roumanie, oblong, Buc. 1900
11. „ Récentes recherches de l'Institut Météorologique de Roumanie **R.** dans le *Buletinul Societăţeĭ de Sciinţe din Bucurescĭ* An. IX.
12. „ Instructions pour les stations pluviométriques, **R**, 8°, Buc. 1900.
13. „ Les tramways éléctriques et les Observatoires magnétiques, **R**, 4°, dans les *Analele Academieĭ Române*, Tome XXI.

14-19. „ Comptes-rendus des publications de l'Institut Météorologique de Roumanie, **R**, 4°. dans les *Analele Academieĭ Română*:

I-er Mémoire dans le Tome XVIII ;
II-me " " " " XIX ;
III-me " " " " XXI ;
IV-me " " " " XXII ;
V-me " " " " XXIII ;
VI-me " " " " XXV ;

20-25 **Hepites, St. C**, Contributions à la Physique du Globe **R.** 4°, dans les *Analele Academieĭ Române:*

I. Déclinaison magnétique à Bucuresci, T. XX;
II. Inclinaison magnétique à Bucuresci, T. XX;
III. Composante horizontale à Bucuresci, T. XX;
IV. Déterminations magnétiques en Roumanie en 1898, Tome XX ;
V. Déterminations magnétiques en Roumanie en 1899, Tome XXII ;
VI. Déterminations magnétiques en Roumanie en 1900, Tome XXIII.

26-42. " Matériaux pour la Climatologie de la Roumanie, **R,** 4°, dans les *Analele Academieĭ Române:*

I. Climat de Sulina, Tome XVI ;
II. Le froid de l'Epiphanie, Tome XVI ;
III. Durée de l'éclairement du Soleil à Bucuresci, Tome XVIII ;
IV. Climat de Sinaia, Tome XVIII ;
V. La pluie en Roumanie, Tome XVIII ;
VI. Climat de Pănceseĭ-Dragomiresci, T. XVIII;
VII. Marche diurne des éléments climatologiques à Bucuresci, Tome XVIII ;
VIII Le sécheresse dans la Dobrogea en 1896, T. XVIII.
IX La pluie à Bucuresci dans les 32 dernières années, T. XX.
X. Le vent à Bucuresci et la cause du crivetz, T. XX.
XI. Répartition de la pluie par districts et par bassins en Roumanie en 1898, T. XXII
XII. Climat de Braila, T. XXII.
XIII. Régime pluviométrique de Roumanie, 2 fig. et 18 pl., T. XXII.
XIV. Répartition de la pluie par districts et par bassins en Roumanie en 1899, T. XXIII.
XV. Idem en 1900. T. XXIV.

XVI. La climatologie de Iaşĭ, T. XXV.

XVII. Répartition de la pluie par districts et par bassins en Roumanie en 1901 et le lustre 1896/900, T. XXV.

43-50. **Hepites St. C.**, Tremblements de terre de Roumanie, R., 4°, dans les *Analele Academiei Române:*

Années	1895	dans	le	Tome	XVII
„	1896	„	„	„	XVIII
„	1897	„	„	„	XIX
„	1898	„	„	„	XX
„	1899	„	„	„	XXII
„	1900	„	„	„	XXIII
„	1901	„	„	„	XXIV
„	1902	„	„	„	XXV

51. **Hepites St. C.**, Etudes de Météorologie agricole, R, 4°, dans les *Analele Academiei Române*·
1. Conditions climatologiques de la végétation de la vigne, Tome XXII.

52. „ Correction du Calendrier au point de vue économique, R, 8°, dans le *Bul. Ministeruluĭ de Agriculturǎ Industrie, Comerciǔ şi Domeniĭ*, An. IX;

53. „ Climat et Forêts, R, 8°, dans la *Revista Pădurilor*, 1899.

54. „ Climatologie du littoral roumain de la Mer Noire, Extrait du *Compte-rendu du V-me Congrès international d'Hydrologie médicale, de Climatologie et de Géologie, Liège 1898.*

55. „ Sur le Régime des pluies en Roumanie, Extrait des *Procès-Verbaux et Mémoires du Congrès international de Météorologie, Paris 1900.*

56. „ Levé magnétique de la Roumanie, Extrait des *Procès-Verbaux et Mémoires du Congrès international de Météorologie, Paris 1900.*

57. „ Premier essai sur les travaux astronomiques en Roumanie jusqu'à la fin du XIX-me siècle, R, 4°, dans les *Analele Academieĭ Române*, Tome XXIV;

58. „ Esquisse historique sur les travaux astronomiques en Roumanie, R, 8°, dans le *Buletinul Societăţeĭ de Sciinţe din Bucurescĭ*. An. XI.

59. „ L'astronome Căpităneanu, R, 8°, 1902.

60. **Hepites St. C.**, Esquisse historique sur les travaux astronomiques exécutés en Roumanie (Extrait) dans *Ciel et Terre*, An. 24.

61. „ Moyens d'investigation en Météorologie, discours de réception à l'Académie Roumaine, 4°, 1903.

62. **Murat, I. St.**, Valeurs absolues des éléments du magnétisme terrestre à Bucuresci au 1-er Janvier 1900, **R**, dans les *Analele Academiei Române*, Tome XXII.

63. „ Idem au 1-er Janvier 1901, *Idem*, Tome XXIII.

64. „ Historique des travaux météorologiques en Roumanie, R, dans le *Buletinul Societaţei de Sciinţe din Bucuresci*, An XI.

65. „ Climat de la Saint-Nicolas 1901, **R** dans les *Analele Academiei Române*, Tome XX V.

66. „ Climat de la journée du dix Mai, **R**, dans les *Analele Academiei Române*, Tome XXV.

67. „ La question du changement du climat de la Roumanie, **R**, dans l'*Economia Naţională*, An XXIV.

68. — Tabelles officielles pour la détermination du degré alcoométrique vrai d'un mélange d'alcool à la température normale de +12° R ou +15° C., 1 fig. **R**, 8°,1894.

69. — Réglement et instructions relatives aux balances de céréales, 10 fig., R, 8°, 1897.

70. — Instructions pour la construction et la vérification des balances à bascule, R, 8°, 1902.

www.ingramcontent.com/pod-product-compliance
Ingram Content Group UK Ltd.
Pitfield, Milton Keynes, MK11 3LW, UK
UKHW021041220726
13924UKWH00001B/468